PNSO ANIMAL MUSEUM

# THE WORLD OF ELEPHANTS ❶

## PNSO 动物博物馆
# 大象的世界❶

赵闯 _ 绘 ／ 杨杨 _ 文

U0305959

青岛出版集团｜青岛出版社

# 嘿，欢迎来到大象的世界

寂静笼罩着位于非洲的这片名为恩戈罗恩戈罗保护区的广阔的稀树草原，满眼的金色在微风的吹拂下缓缓地流淌。非洲象三三两两地聚集在一起，埋头享用着大自然恩赐的美餐。它们硕大的身影为这抹寂静带来生命的力量。

与此同时，17 头亚洲象离开中国云南西双版纳国家级自然保护区，毅然踏上一路向北的冒险之旅，将它们深埋在心里的坚毅和勇敢，留在身后斑驳的阳光里……

不论是非洲象，还是亚洲象，它们都来自一个名为大象的家族——一个地球上现存的最大的陆生动物的神秘家族。它们是力量、坚毅和勇敢的象征，它们的身上永远散发着生命动人心魄的光芒。

今天，我们与大象生活在一起，共享着这片广袤的土地。我们不光能在草原上、森林里、动物园中看到它们，甚至还有机会骑在它们的背上，让它们载我们一程。我们以为自己是那样了解它们，可是真的如此吗？我们真的知道它们所在的长鼻目动物家族已经在地球上生存了 6000 万年之久吗？真的知道它们是从兔子般大小的体形演化成如今这样庞大的身躯吗？

现在，请让我们走进《PNSO 动物博物馆：大象的世界 1》，一起来了解长鼻目动物长达 6000 万年的演化之路吧！

## 始祖象的近亲——
### 古乳齿象 | 17
学名：*Palaeomastodon*
体形：肩高约 2.2 米
生存年代：始新世晚期至渐新世早期
化石产地：非洲

## 最大的长鼻目动物之一——
### 恐象 | 15
学名：*Deinotherium*
体形：体重约 10 吨
生存年代：中新世中期至更新世
化石产地：欧洲、亚洲、非洲

## 不挑食的
### 磷灰象 | 07
学名：*Phosphatherium*
体形：肩高约 30 厘米
生存年代：古新世
化石产地：非洲

## 大象最原始的亲戚——
### 曙象 | 05
学名：*Eritherium*
体形：肩高约 20 厘米
生存年代：古新世
化石产地：非洲

## 最早的长鼻目动物之一——
### 始祖象 | 09
学名：*Moeritherium*
体形：肩高约 70 厘米
生存年代：始新世
化石产地：非洲

## 最古老的恐象——
### 奇勒加象 | 13
学名：*Chilgatherium*
体形：肩高约 2 米
生存年代：渐新世
化石产地：非洲

## 有八颗獠牙的
### 重兽 | 11
学名：*Barytherium*
体形：肩高为 1.8~2 米
生存年代：始新世晚期至渐新世早期
化石产地：非洲

1 米

△ 距今 1500 万年前至 1200 万年前，中新世中期的铲齿象动物群

**铲门齿象的近亲——**
**柱铲齿象 | 43**
学名：*Konobelodon*
生存年代：中新世
化石产地：亚洲、欧洲、北美洲

**象牙极长的**
**互棱齿象 | 45**
学名：*Anancus*
生存年代：中新世晚期至更新世早期
化石产地：非洲、欧洲、亚洲

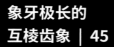

**下颌最大的象——**
**铲门齿象 | 41**
学名：*Amebelodon*
体形：体重约 10 吨
生存年代：中新世
化石产地：北美洲

**具有出色的咀嚼能力的**
**四棱齿象 | 47**
学名：*Tetralophodon*
体形：肩高为 2.58~3.45 米
生存年代：中新世晚期至上新世中期
化石产地：欧洲、亚洲、非洲

**有四颗獠牙的**
**古门齿象 | 33**
学名：*Archaeobelodon*
体形：体重为 2.3~3.4 吨
生存年代：中新世
化石产地：欧洲、非洲

**没有象牙的**
**隐齿象 | 39**
学名：*Aphanobelodon*
生存年代：中新世
化石产地：亚洲

**铲齿象的邻居——**
**原互棱齿象 | 37**
学名：*Protanacus*
生存年代：中新世
化石产地：亚洲

**拥有一把"大铲子"的**
**铲齿象 | 34**
学名：*Platybelodon*
生存年代：中新世
化石产地：亚洲、欧洲、非洲、北美洲

# 大象最原始的亲戚——

# 曙象

雄性印度象

雄性非洲草原象

雄性非洲森林象

1 米

大象是世界上现存的最大的陆生动物，是象科动物的总称。目前，活着的象科动物只有三种，分别是非洲草原象、非洲森林象和亚洲象。象科动物来自以长而灵活的鼻子著称的长鼻目，也是长鼻目现在唯一活着的物种。然而你知道吗？长鼻目曾经是哺乳动物世界中的一个大家族，种类众多，数量庞大，可惜绝大部分成员已经灭绝了。到目前为止，人们已经发现 180 多种长鼻目化石，这足以说明它们的家族曾经是多么繁盛。

现在，就让我们通过化石提供的信息，一起回到远古，认识那些已经灭绝的长鼻目动物，重走大象的演化之路吧！

## 最古老的大象亲戚

曙象是我们现在知道的最古老的长鼻目动物之一，也是目前发现的最原始的大象亲戚。

曙象的化石被发现于摩洛哥。早前，人们就在与其化石发现地相距不远的地方，发现过磷灰象的化石。磷灰象曾经被认为是最古老的长鼻目动物，但是后来发现的曙象比它还要古老，大约生活在 6000 万年前，是人们目前知道的最古老的大象亲戚。

曙象的发现说明大象的演化之路是从大约 6000 万年前的非洲开始的，那时候距离非鸟类恐龙的灭绝刚刚过去 600万年。

## 独特的非洲

自侏罗纪中期以来，非洲板块和其他大陆就被海洋分隔开了。在曙象生存的年代依旧如此。因此，生活在非洲大陆上的早期哺乳动物因为地理环境的缘故，走上了独立演化的道路。那时候的非洲，既有体形极小的象駒、如同兔子一般

大小的蹄兔，还有体形较大的生活在水中的海牛以及大象所在的家族长鼻目动物等。它们可能都是由一个共同的祖先演化而来的。后来，非洲大陆和欧亚大陆发生碰撞，繁衍于非洲大陆上的动物们也走出了非洲，迈向了更加广阔的大陆，而长鼻目是其中最为成功的类群。

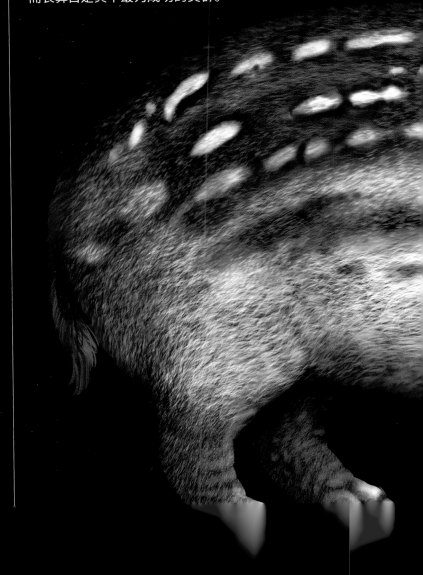

# 最早的长鼻目动物之一——
# 始祖象

早期的长鼻目动物,不仅长相和体形跟大象相去甚远,就连生活习惯也跟大象完全不一样。它们喜欢生活在水里,似乎更像河马。这样的大象亲戚究竟是一副什么模样呢?我们看看始祖象就知道了。

始祖象生活在约 4000 万年前~约 3000 万年前的非洲,也是最早的长鼻目动物之一。它们和象科有亲缘关系,但并不是大象的直接祖先,只能算是远亲。

## 外形像貘

始祖象的样子看起来一点儿也不像大象,倒像是貘。貘是一种外形很特别的哺乳动物,有一个突出的鼻子。它们会用鼻子抓握植物,帮助它们进食。

始祖象肩高大约 70 厘米,体形比较小。当然,和更早期的曙象、磷灰象相比,它们的体形已经在往变大的方向发展了。始祖象的身体较长,四肢短粗。虽然始祖象并不是大象的直系祖先,但它们是早期的长鼻目家族成员,因此我们还是能从它们长而柔韧的上唇和凸出嘴巴之外的獠牙,看出一点象鼻和象牙的端倪。科学家们推测它们会用獠牙来采集水生植物。

## 生活方式像河马

始祖象在当时应该是一种比较活跃的哺乳动物,分布的范围也比较广。人们第一次在埃及发现它们的化石后,在北非的其他地方,还有西非的一些地区,也发现过它们的化石。

外形像貘的始祖象过着怎样的生活呢?科学家们通过对它们化石埋藏地的古生态学研究以及牙齿同位素的研究,来帮我们解答这个问题。科学家们认为,始祖象的生活方式非常像河马。它们喜欢生活在沼泽或者河畔地带,而不像现代大象那样,生活在陆地上。

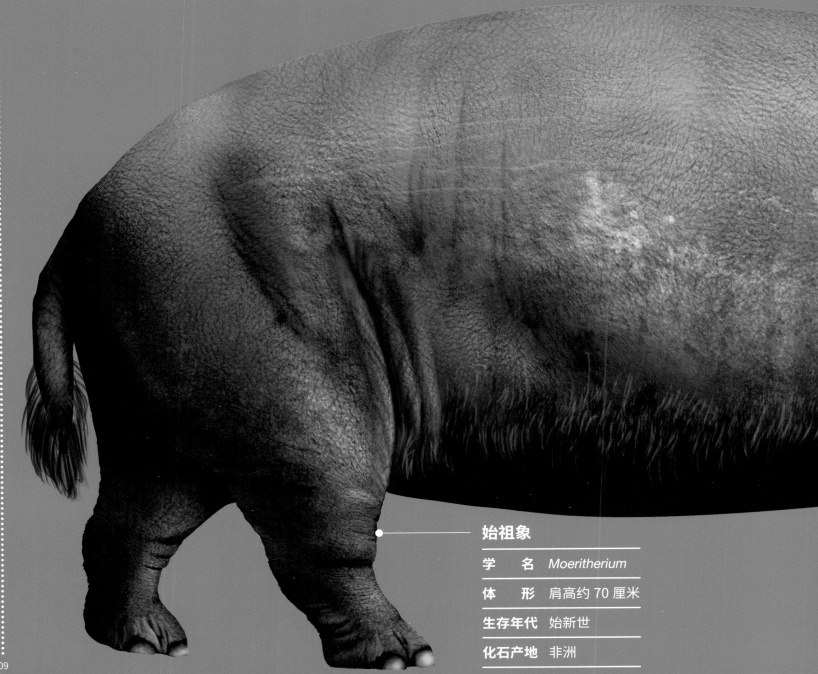

**始祖象**

| | | |
|---|---|---|
| 学　　名 | *Moeritherium* | |
| 体　　形 | 肩高约 70 厘米 | |
| 生存年代 | 始新世 | |
| 化石产地 | 非洲 | |

▽ 磷灰象与家猪体形比较示意图

10 厘米

## 磷灰象 利拉

　　干旱的天气已经持续了好一阵了。四处都是燥热的风，没有一丝要下雨的迹象。干渴的植物已经在这样的日子里忍耐了好长一段时间。动物们四处争抢着食物，现在就连枯黄的叶子也所剩不多了。看着眼前这慌乱的景象，磷灰象利拉倒没那么着急。除了植物，它还可以吃些虫子，怎么样也还能再顶一阵子。到时候，雨一定会降下来的。其实，年年不都如此嘛！干旱不会一直不走，雨也不会一直不来，它的身体早就适应这样的环境了。

磷灰象上前臼齿
化石投影图 ▷

5 毫米

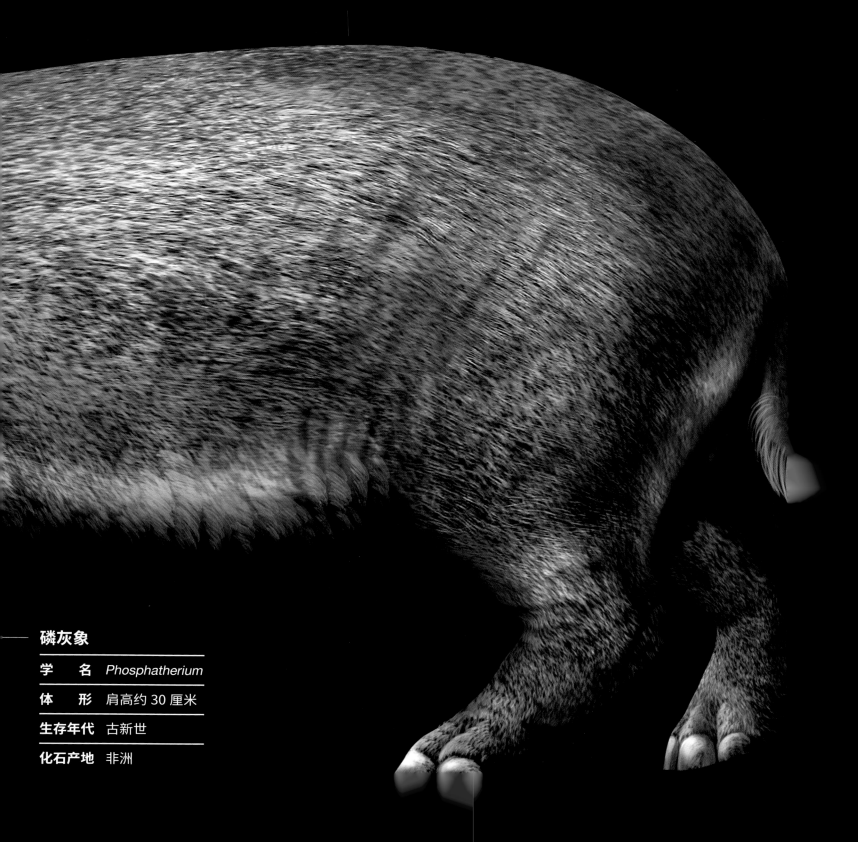

**磷灰象**

| | |
|---|---|
| 学　　名 | *Phosphatherium* |
| 体　　形 | 肩高约 30 厘米 |
| 生存年代 | 古新世 |
| 化石产地 | 非洲 |

# 不挑食的
# 磷灰象

在曙象被发现之前，磷灰象曾经被认为是最古老的长鼻目动物，可惜后来这个"宝座"被曙象抢走了。其实，磷灰象的生存年代只比曙象晚了 400 万年——它们生活在大约 5600 万年前。对于一个家族的演化来说，400 万年的时间并不算长。

## 丰富的化石记录

动物的起源问题往往是动物演化研究中的一个谜，因为很多动物都缺乏早期物种的化石记录。可是长鼻目却不一样，它们早期物种的化石记录非常丰富。除了最古老的曙象，这里介绍的磷灰象，还有同样被发现于摩洛哥、生存于 5500 万年前的大型长鼻目动物道乌象，生存于 4600 万年前的非洲地区、外形像貘一样的长鼻目动物努米底象等。这些珍贵的化石记录，为长鼻目家族勾勒出一条较为清晰的早期演化路线图，也让我们有机会了解大象究竟是从什么样的动物一步一步地演化成今天的样子的。

## 像猪一样大

和曙象相比，磷灰象要大一些。它们的体形大约相当于一头猪，样子也像猪。它们的鼻子稍稍有些大，但完全没有象鼻的影子。

不过，磷灰象在牙齿上倒是有了更加进步的特征。例如：它们拥有了真正的双脊型臼齿，它们的上下门齿开始增大。在将来，增大的门齿将演化成真正的獠牙。

科学家们从磷灰象牙齿的磨损迹象上推测，它们可能是杂食动物，既可以吃灌木，也会偶尔进食昆虫或其他小动物。这取决于它们生活的环境会为它们提供什么样的资源。

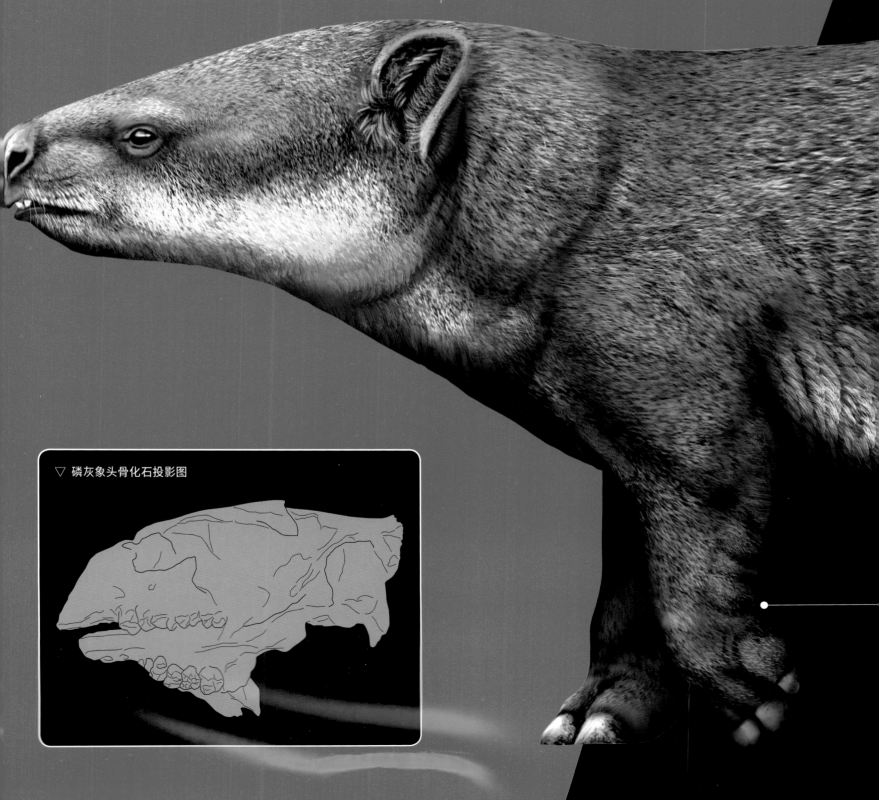

▽ 磷灰象头骨化石投影图

▽ 在水中的河马示意图

▽ 始祖象头骨化石（摄于法国国家自然历史博物馆）

## 大象和海牛是亲戚

　　事实上，大象的很多远古亲戚是半水生动物，大部分时间会待在水里，和当时生活在水中的海牛有很近的亲缘关系。

　　大象和海牛怎么会是亲戚呢？这听上去真是太奇怪了。不过，如果你仔细观察海牛，就会发现海牛和大象是有相似之处的。例如：海牛类有与大象相似的替换生长的颊齿，一些成员还有獠牙状的门齿。事实上，同样起源于非洲大陆的海牛类和长鼻目动物有着共同的祖先。

## 始祖象 安雅

　　安雅是一只始祖象。它总是喜欢待在水里，喜欢水流滑过它大大的脚丫子及粗壮的四肢时凉爽的感觉。这条浅浅的河流是安雅常待的地方，水流清澈，还生长着许多茂盛的植物，那些都是安雅的美餐。只要没有掠食者靠近自己，安雅就可以在这里舒舒服服地待上一整天。事实上，因为水流的缘故，能够靠近它的猎手并没有多少。它独特的生活习惯恰恰好也是保护自己的好办法。

# 最古老的恐象——
# 奇勒加象

在渐新世晚期，长鼻目家族演化出一支非常奇特的类群——恐象类。它们延续了重兽大型化的演化方向，还拥有了十分独特的外貌特征，创造了一条非同寻常的演化之路。只可惜，这条道路最后还是宣告失败了。

恐象类最初诞生于非洲，随着时间的推移，又扩散至欧洲和亚洲，分布范围极广。它们中很多成员的体形非常庞大，有一些甚至成了最大的长鼻目动物之一。恐象类的特点包括下颌长有向下弯曲的獠牙，上颌没有象牙。不过，它们的臼齿依然延续了长鼻目演化初期的双脊型特征。

## 几颗臼齿的大揭秘

奇勒加象是到目前为止发现的最古老的恐象家族成员，生活于约 2800 万年前 ~ 约 2700 万年前。

奇勒加象的化石被发现于埃塞俄比亚，只有几颗臼齿。虽然化石证据不多，但是保存得非常完好，这使科学家们能够依照化石判定出这是一种新的物种。后来他们便用化石发现地的地名将其命名为奇勒加象。

因为化石太少了，所以科学家们对奇勒加象的了解并不多。他们推测奇勒加象的体形不算太大，肩高大约 2 米。他们不确定奇勒加象的下颌是否已经拥有恐象家族特有的两颗向下弯曲的象牙。

## 奇勒加象 妮妮

太阳升得老高，天好像破了一道口子，白花花的阳光像瀑布一样从天上倾泻而下。奇勒加象妮妮的皮肤好像被烤干了一样，浑身燥热。一些寄生虫在它的身体上肆无忌惮地游走，妮妮觉得奇痒难忍。它需要尽快找到一潭水，然后钻到水里舒舒服服地洗个澡。想到这儿，妮妮迎着太阳奋力地走了起来。

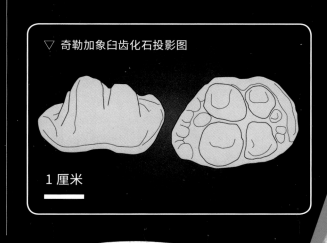

▽ 奇勒加象臼齿化石投影图

1 厘米

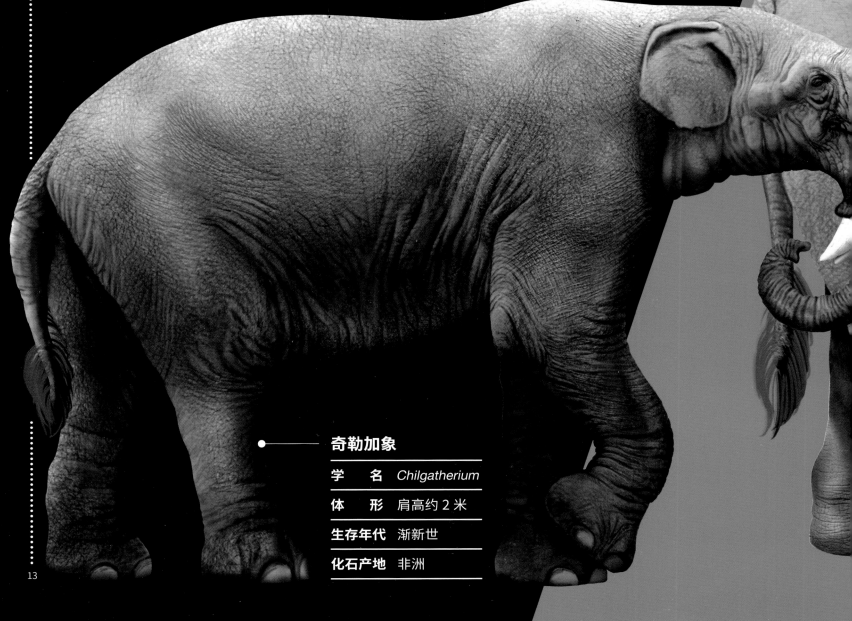

奇勒加象

| | |
|---|---|
| 学　　名 | *Chilgatherium* |
| 体　　形 | 肩高约 2 米 |
| 生存年代 | 渐新世 |
| 化石产地 | 非洲 |

## 牙齿与生活习性

  重兽是如何生活的呢？它们以什么为食呢？如果单单依据它们留存在大地中的骨骼化石，是很难推断的。所幸科学家们可以通过分析它们牙齿的化学成分来解答这个问题。此前，科学家们曾经对重兽以及更早期的始祖象做过这样的研究：他们通过牙齿中的碳同位素来寻找饮食的线索，通过氧同位素来确定生存地的水源状况。科学家们的研究报告明确了始祖象是一种半水生动物，以水生植物为食，而重兽似乎更喜欢陆地，以植物为食，那八颗锋利的獠牙能帮助它们切割植物。

## 重兽 莫普提

  重兽莫普提看起来就像一个巨人。它的身体宽大而粗壮，看起来十分笨拙。它大大的脑袋配在这副身体上，倒是蛮合适的，只是突出的鼻子似乎加重了它的负担，让它的整个身子看上去又沉重了不少。它总是微微低垂着脑袋，慢慢地在树林间挪动着身体。乍一看，那些掠食者似乎根本不用耗费任何力气，就能轻松地抓到它。可事实上，根本没有什么肉食动物想要靠近它，因为它实在是太大了，还长有 8 颗锋利的獠牙，即便行动缓慢，也很难对付，根本不是理想的猎物。

**重兽**

| | |
|---|---|
| 学　　名 | *Barytherium* |
| 体　　形 | 肩高为 1.8~2 米 |
| 生存年代 | 始新世晚期至渐新世早期 |
| 化石产地 | 非洲 |

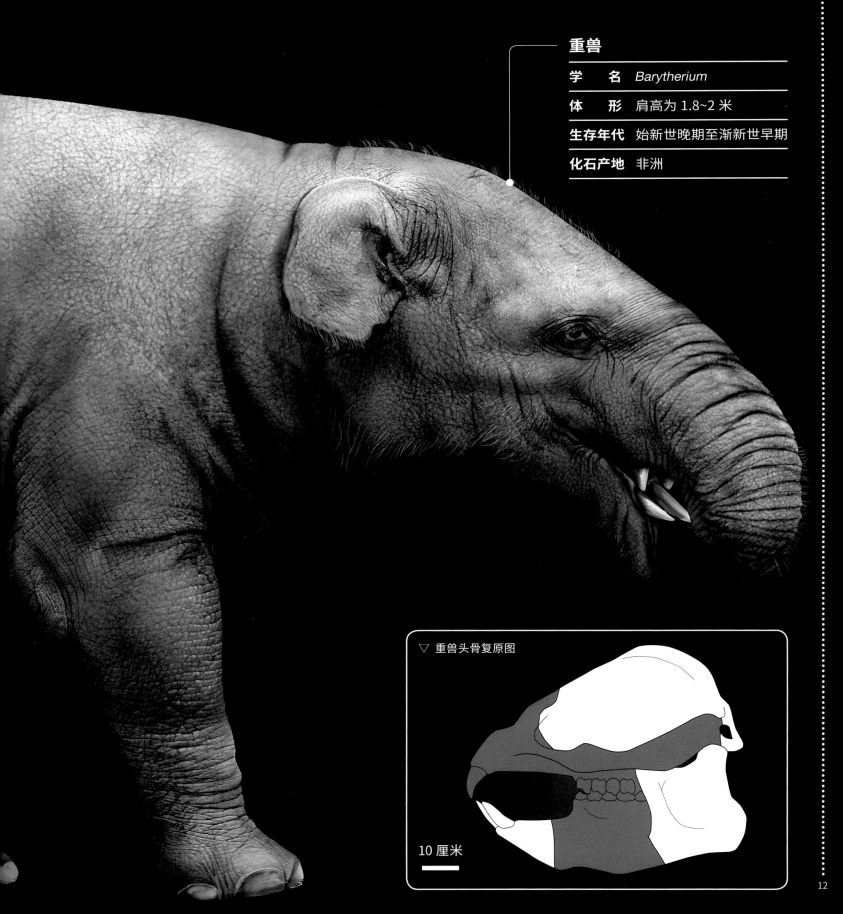

▽ 重兽头骨复原图

10 厘米

# 最大的长鼻目动物之一——
# 恐象

印度恐象的化石被发现于印度和巴基斯坦。它们生活在中新世，是最古老的恐象。

恐象不仅是恐象家族中的庞然大物，也是最大的长鼻目动物之一，体重约 10 吨。庞大的体形极大地提高了它们的生存能力，让它们更有力量保护自己。

### 繁盛的家族

恐象拥有一个非常繁盛的家族。

之前，人们普遍承认的恐象有三种，分别是印度恐象、巨恐象和博氏恐象。

**恐象**

| | | |
|---|---|---|
| 学　名 | *Deinotherium* | |
| 体　形 | 体重约 10 吨 | |
| 生存年代 | 中新世中期至更新世早期 | |
| 化石产地 | 欧洲、亚洲、非洲 | |

# 更像野猪而非大象的
# 法尤姆象

▽ 法尤姆象头骨化石
（摄于法国国家自然历史博物馆）

和古乳齿象一样，同样被发现于非洲的法尤姆象也是早期的乳齿象类动物。它们生活在约 3700 万年前~约 3000 万年前，其外形和古乳齿象很像。

## 长鼻子的"野猪"

法尤姆象的个头不小，肩高大约 2.5 米，已经有点儿类似于现代大象了。

法尤姆象有着稍长一点儿的鼻子，但是和大象的象鼻比起来，根本不算什么。它们的上颌有两颗獠牙，但是很短，下颌呈铲状，两颗獠牙是扁平的。

▽ 古乳齿象臼齿化石投影图

**法尤姆象**

| | |
|---|---|
| 学　名 | *Phiomia* |
| 体　形 | 肩高约 2.5 米 |
| 生存年代 | 始新世晚期至渐新世早期 |
| 化石产地 | 非洲 |

# 中新世最常见的长鼻目动物之一——
# 轭齿象

轭齿象是一种比始轭齿象更为进步的玛姆象科动物，其化石广泛分布于非洲、亚洲和欧洲，是中新世最常见的长鼻目动物之一。

## 繁盛的家族

轭齿象有一个极为繁盛的家族，包含众多种类，如祖轭齿象、内蒙古轭齿象、苏黎世轭齿象等。它们的生存时间也较长，非洲的轭齿象生存于中新世的早期和中期，欧洲轭齿象的生存年代则从中新世的早期一直持续到中新世晚期。因为轭齿象和始轭齿象极为相似，所以早期在欧洲和亚洲发现的一些原本属于始轭齿象的化石，经常被误认为属于轭齿象。

**始轭齿象**

| | |
|---|---|
| 学　名 | *Eozygodon* |
| 生存年代 | 中新世 |
| 化石产地 | 非洲、亚洲 |

▽ 始轭齿象下颌化石投影图

5 厘米

# 从非洲走向欧亚大陆的
# 始轭齿象

　　诞生于渐新世早期的乳齿象类，在中新世开始了一次大规模的分化。到中新世中期，这个大家族已经演化出玛姆象科、嵌齿象科、豕棱齿象科和铲齿象科四个支系，并大踏步地从非洲进入欧亚大陆。

　　隶属乳齿象类的四个支系有一些共同的特征。例如：它们的臼齿都有三道脊或棱，下颌增长等，但是它们在下颌以及下门齿的形态上有所不同。这是我们辨认它们的重要信息。

## 始轭齿象的全球扩散

　　始轭齿象来自玛姆象科，最早出现的物种是生活在中新世早期非洲的莫罗托始轭齿象。后来，它们从非洲扩散到欧亚大陆。

　　1964 年，科学家们在中国陕西省西安市临潼地区，发现了一块象类动物幼年个体的下颌以及几颗臼齿。当时科学家们将它们归入了嵌齿象科，但是后来它们被认为是一种始轭齿象。这是始轭齿象在欧亚大陆首次被发现。科学家们认为，它们极有可能是通过特提斯海第一次关闭形成的"嵌齿象路桥"到达欧亚大陆的。

## 始轭齿象 多鲁

　　落日的余晖将广袤的大地映照得如此绚烂，就如同始轭齿象多鲁此刻的心情。这一天，它大部分时间在睡觉，似乎并没有发生什么特别值得高兴的事，但醒来时多鲁的心情很好。可能它天生就是乐天派吧。没有遇到掠食者的侵袭，对它来说就已经是件好事了。它舒展了一下身体，准备去采食。它长长的下颌和下门齿已经准备好迎接那些新鲜的植物了。

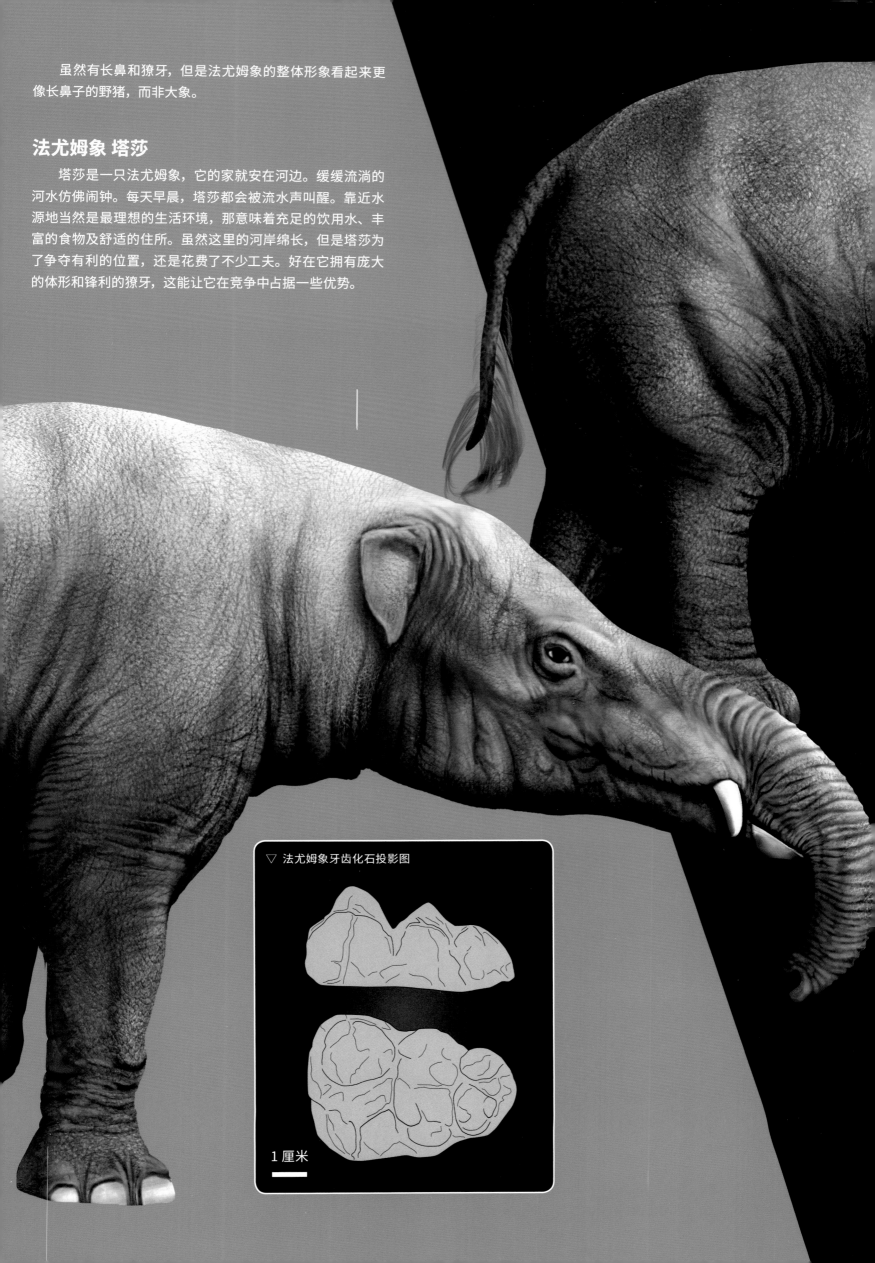

虽然有长鼻和獠牙，但是法尤姆象的整体形象看起来更像长鼻子的野猪，而非大象。

## 法尤姆象 塔莎

塔莎是一只法尤姆象，它的家就安在河边。缓缓流淌的河水仿佛闹钟。每天早晨，塔莎都会被流水声叫醒。靠近水源地当然是最理想的生活环境，那意味着充足的饮用水、丰富的食物及舒适的住所。虽然这里的河岸绵长，但是塔莎为了争夺有利的位置，还是花费了不少工夫。好在它拥有庞大的体形和锋利的獠牙，这能让它在竞争中占据一些优势。

法尤姆象 塔莎

▽ 法尤姆象牙齿化石投影图

1厘米

轭齿象

学　名　*Zygolophodon*

生存年代　中新世

化石产地　非洲、亚洲、欧洲

# 与猛犸象很像的
# 美洲乳齿象

从中新世中期开始，长鼻目动物开拓了北美洲的领地，并且在那里逐渐地壮大起来。来自玛姆象家族的美洲乳齿象成为北美大陆哺乳动物群中非常重要的成员。它们生存的时间很长，甚至持续到全新世初期，展现出乳齿象类在北美洲的繁荣。

▽ 轭齿象下颌化石投影图　　　10 厘米

## 轭齿象 弗雷德

　　弗雷德是一只轭齿象，生活在中新世的巴基斯坦。那片广袤的土地是哺乳动物的天下，单单是象类动物就有很多种，除了弗雷德所在的轭齿象家族，还有豕脊齿象、嵌齿象等，因此弗雷德一点儿都不感觉孤单。不过，这也意味着弗雷德面临着更激烈的竞争。它需要更努力才能获得更多的生存资源。

# 揭秘豕脊齿象科起源的
# 豕脊齿象

乳齿象类最特别的地方虽然在于下颌和下门齿，但是不同的乳齿象类，其下颌和下门齿的特征并不相同。其中，豕脊齿象科是最独特的。它们虽然有增长的下颌，但是下门齿已经退化了。

## 庞大的家族

豕脊齿象是豕脊齿象科中最典型的代表。它们拥有一个庞大的家族，遍布亚洲、非洲和欧洲地区。早先，科学家们认为，豕脊齿象起源于中新世中期的非洲，但是后来人们在中国甘肃省发现了广河豕脊齿象。它们生存的年代为早中新世晚期，这表明豕脊齿象可能起源于亚洲而不是非洲。

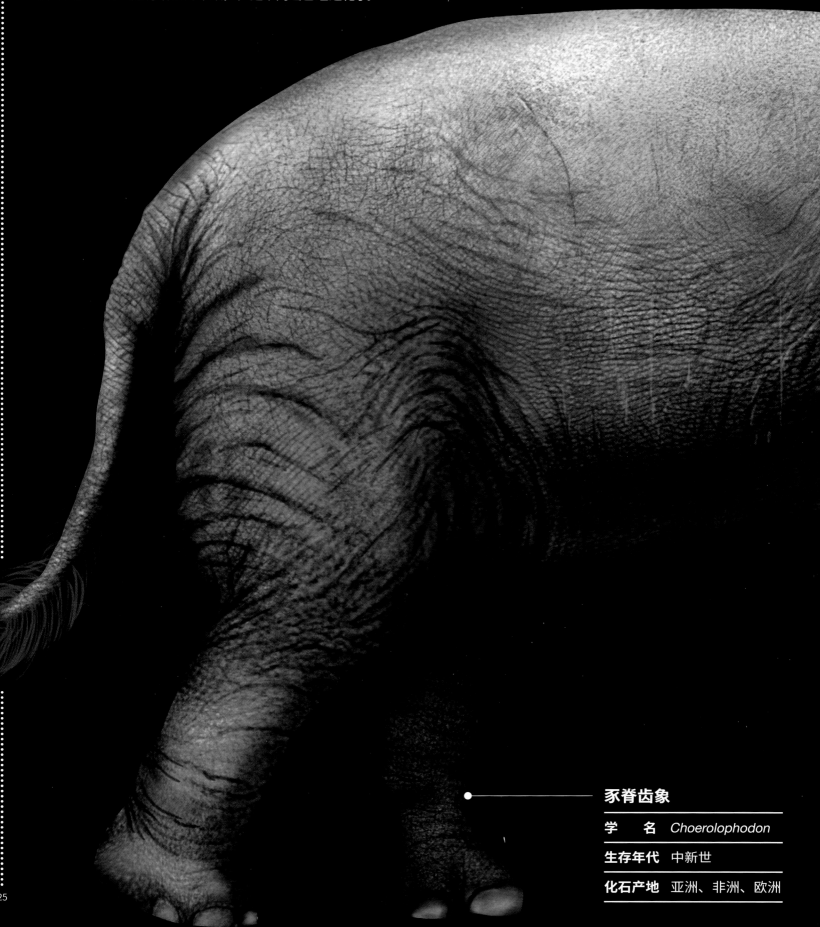

### 豕脊齿象

| | |
|---|---|
| **学　　名** | *Choerolophodon* |
| **生存年代** | 中新世 |
| **化石产地** | 亚洲、非洲、欧洲 |

## 美洲乳齿象

| 学　名 | *Mammut americanum* |
|---|---|
| 体　形 | 肩高约 2.3 米 |
| 生存年代 | 上新世至全新世 |
| 化石产地 | 北美洲 |

无论是雄性美洲乳齿象还是雌性美洲乳齿象，都有非常长的象牙，只是雄性美洲乳齿象的象牙更长一些。

在很多描述中，美洲乳齿象都被描绘成披着厚厚的长毛的样子，就像猛犸象那样。这可能是人们根据当时的气候来推测的，但目前还没有化石证据证明它们真的有长毛。

美洲乳齿象喜欢生活在森林中，以树枝、树叶以及茎为食。

### 分布范围很广

美洲乳齿象的分布范围很广，北至阿拉斯加，南至墨西哥中部，都能看到它们的身影。不过它们没有扩散至南美洲，科学家们推测这和它们无法适应草类食物有关。

### 美洲乳齿象的灭绝

在美洲乳齿象生活的最后时期，人类已经出现了。人类对它们的捕杀以及当时的气候变化，成为它们灭绝的重要原因。

△ 乳齿象臼齿化石（摄于中国古动物馆）

### 美洲乳齿象 肖恩

不知道为什么，最近一段日子的天气似乎越来越热。这对于美洲乳齿象肖恩来说可不是个好消息，它似乎更适应那些寒冷的日子。忍受了一段时间后，肖恩告诉自己，天气可不会按照自己的想法变来变去，所以最好的办法就是让自己适应它。可是，这一点儿用都没有，肖恩觉得越来越不舒服，如果再这样继续下去，它可能就要死了。终于有一天，肖恩下定决心和自己的同伴踏上向北迁徙的道路。它终于明白一个道理，适应环境的办法有很多，适时地做出改变就是其中一种。

美洲乳齿象的外形看起来和我们熟悉的猛犸象有些类似，不过它们和猛犸象是两种不同的动物。

## 庞大的玛姆象家族

美洲乳齿象是玛姆象属下的一个种。玛姆象属是一个大家族，有很多种类，分布在不同的地方，整个家族的生存时间也很长。例如：包氏玛姆象生活在上新世的欧亚大陆上，下颌比较长，而美洲乳齿象则分布于北美洲，生存时间从上新世一直延续到全新世。

## 喜欢生活在森林里

和猛犸象相比，美洲乳齿象的身体更长，腿更短，肌肉更加发达。它们的体形和今天的亚洲象相似，肩高约 2.3 米，但不乏一些体形更大的个体。

▽ 豕脊齿象头骨化石投影图

## 独特的外貌

豕脊齿象的外形看起来更类似于现代大象，而非其他乳齿象类成员。它们最为明显的特征是有向上弯曲的象牙以及长长的象鼻。拿广河豕脊齿象来说，它的头骨长约 76.5 厘米，但象牙长度超过 1 米，非常醒目。虽然豕脊齿象有较长的下颌，但下门齿已经退化。

## 豕脊齿象 恩泽

恩泽是一只豕脊齿象，生活在一片湿润的土地上，那里遍布河流和湖泊。良好的环境给恩泽提供了丰富的食物，它总是能用灵活的象鼻轻松地卷起那些鲜嫩的植物。长长的象牙也可以帮助它采食。不过，象牙还有更大的用处——当雄象之间发生争斗时，象牙就是最好的作战武器。

# 下颌缩短的
# 喙嘴象

早期的嵌齿象科成员都有一个长长的下颌，和其他乳齿象类一样。但是，在后期的演化中，出现了许多短颌的成员，它们走向了不同的演化方向。在同一个家族中，为什么会有如此大的区别呢？这看似有些奇怪，实际上也很容易理解。就像一部分嵌齿象演化出可以吃草的磨盘式臼齿来适应环境一样，这些短颌的成员演化出像手臂一样灵活的象鼻，可以轻松地抓取食物。这样一来，它们就不需要再依靠长长的下颌来采食了。

生活在北美洲的喙嘴象就是嵌齿象科家族中的短颌代表，它们生活在中新世至上新世。

## 喜欢生活在热带草原

喙嘴象最早是根据一个被发现于墨西哥的下颌化石命名的。此后，喙嘴象属的物种一度超过了 10 种，这使得喙嘴象成为一个极为繁盛的家族。不过，随着研究的深入，喙嘴象属的种类大大地减少了。

喙嘴象有着长长的象牙，象牙外部很特别，被螺旋形条纹的珐琅质包裹着。它们的下颌大大地缩短，不再拥有早期家族成员那样的长下颌，但是与现代大象的下颌相比仍旧比较长，还有较长的下门齿。

喙嘴象的化石并不多见，并且大部分被发现于北美洲的南部。在喙嘴象生活的时代，那里是一片热带草原。

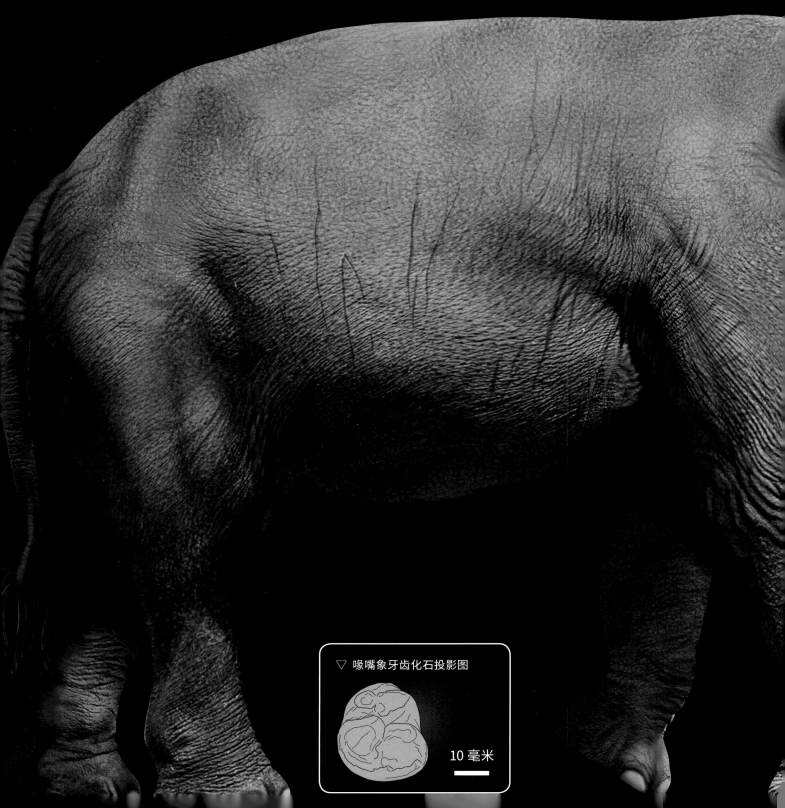

▽ 喙嘴象牙齿化石投影图

10 毫米

| 学　名 | *Gomphotherium* |
|---|---|
| 体　形 | 肩高约 2.5 米 |
| 生存年代 | 中新世早期至上新世早期 |
| 化石产地 | 欧洲、北美洲、亚洲、非洲 |

它们被饥饿打败，最终被命运抛弃。一想起这些，美希便难过地叹了口气。

# 能吃草的
# 嵌齿象

嵌齿象科是乳齿象类的另外一个支系，在中新世早期到上新世早期极为活跃。嵌齿象是这一支系的代表物种，家族中的种类将近 20 种，在当时遍布世界各地。

## 有四颗獠牙

嵌齿象的体形很大，在通常情况下，它们的肩高约 2.5 米，一些较大的个体肩高甚至会超过 3 米。嵌齿象长有四颗獠牙，其中上颌的两颗很长，向下弯曲。獠牙的内部是牙本质，外部则被牙釉质包裹着。这和现代大象不同，现代大象的象牙露在外面的部分都是实心的牙釉质。嵌齿象的下颌较窄，有两颗较短的平行的獠牙。像其他乳齿象类一样，獠牙是它们的采食工具。

## 爱吃树叶还是草

早期的长鼻目动物要么喜欢吃水生植物，要么喜欢吃鲜嫩的树皮、树叶。但是，嵌齿象非常特别，它们当中的一些种类更习惯于吃草。

你可能会问，吃草有什么特别的？草跟树叶、树皮或者水生植物一样，不都是植物吗？你可能不知道，和树叶相比，草对于动物来说更难以下咽，想要适应以草为食的生活并不容易。

能够进食草类的嵌齿象，必定有特别的身体结构。科学家们推断，它们一定拥有独特的臼齿。这些臼齿应该具有很高的齿冠，且由排列紧密的釉质板构成。它们就像磨盘一样，能够碾磨坚硬的草。然而，一颗被发现于中国的施泰因海姆嵌齿象的臼齿化石，推翻了这种判断。因为这颗臼齿的齿冠并不高，也没有完全形成磨盘状。但是，科学家们通过它的牙结石判断出草类曾经是它非常重要的食物。这说明主要以草为食的大象家族是先尝试进食草类，然后才慢慢地演化出适合草类的牙齿的。

以草为食给长鼻目动物带来了深远的影响。从某种程度上来说，这是它们适应环境变化的有效手段。事实证明，施泰因海姆嵌齿象的确演化得非常成功，它们成为现代大象的直系祖先。与它们生活在同一地区的间型嵌齿象，因为无法进食草类，不能适应当时以草原为主、逐渐变得干旱的环境而被大自然淘汰，最终走向灭绝。

## 可以切割的臼齿

嵌齿象家族有很多种类。它们不仅在形态上有所差异，在身体结构和演化方向上也有所不同。

例如：施泰因海姆嵌齿象的臼齿能够研磨草类，但塔氏嵌齿象的臼齿是研磨型和切割型的混合类型，与玛姆象科的轭齿象有一定的相似性。这充分体现了嵌齿象家族的多样性。

## 嵌齿象 美希

夕阳西下，落日的余晖洒在广袤的草原上，青绿色的草变成一片金黄。嵌齿象美希站在那望不到尽头的金黄色中，像是在思考着什么。它还记得，自己刚刚出生的时候，这里还有不少高大的植物，但是现在遍地都是低矮的草。还好，它已经适应了这些新的食物。可是，它知道另一些同伴就没有这么幸运了。

▽ 嵌齿象头骨化石（摄于法国国家自然历史博物馆）

**喙嘴象 辛迪**

天气很热，空气中又凝结了过多的水分，像身处在热气腾腾的浴室里，这让喙嘴象辛迪有些喘不过气来。它长长的象鼻保持着微微上翘的姿势，脑袋低垂着，疲惫的四肢不听使唤地从一片杂草上走过。一只小象"呼哧呼哧"地喘着粗气，跟在辛迪身边，那是它的宝宝。这大热天，辛迪要带着宝宝去哪里呢？或许它只是想给宝宝找一块儿更舒服的阴凉地休息吧！

**喙嘴象**

| | |
|---|---|
| **学　名** | *Rhynchotherium* |
| **生存年代** | 中新世至上新世 |
| **化石产地** | 北美洲、中美洲 |

# 亚洲独有的长鼻目动物——
# 中华乳齿象

嵌齿象科演化得很成功。除了种类很多、演化方向多样，它们的生存时间也很长，从中新世早期一直到更新世末期。它们的分布范围也很广，除了南极洲和大洋洲，其他大陆地区也曾出现过它们的身影。

中华乳齿象是嵌齿象科的晚期代表，其化石主要被发现于中国，另外也在日本、泰国等地被发现。

**中华乳齿象**

| | |
|---|---|
| **学　名** | *Sinomastodon* |
| **体　形** | 肩高约 2.5 米 |
| **生存年代** | 中新世晚期至更新世 |
| **化石产地** | 亚洲 |

# 有四颗獠牙的
# 古门齿象

在早期的乳齿象类
成员法尤姆象身上，我
们已经见识了铲子状的
下颌。但是，法尤姆象
的"铲子"跟铲齿象科
成员的"铲子"比起来，
简直就是小巫见大巫。
毕竟铲齿象科就是由此
命名的。

▽ 古门齿象门齿化石投影图

## 四颗獠牙

古门齿象是中新世晚期非常常见的一种铲齿象科动物，其化石被发现于
欧洲和非洲。它们比现代象略小一些。古门齿象最独特的地方就是拥有四
颗獠牙，它们的上颌有两颗长长的象牙，同时，长而扁宽、像铲子一样的下
颌上还有两颗獠牙。这个奇特的铲子状的下颌和它的獠牙，使它们能够从坚
硬的地方挖掘食物，还能切割枝叶，是觅食的好工具。

# 象牙向上卷曲的
# 剑乳齿象

剑乳齿象是一种生活在上新世至更新世的嵌齿象科动物，其化石被发现于北美洲。之前，人们认为它们中的一些物种曾随着南北美洲生物大迁徙到达南美洲，但是后来那些物种被确认为属于南方乳齿象。南方乳齿象

## 剑乳齿象 普尔顿

流水轻轻地拍打着河岸，像是在诉说着一天的故事。不再热烈的阳光在清澈的河面上渐渐地散去，美好的一天就要结束了。一只名为普尔顿的雄性剑乳齿象拖着沉重的身体，一步一步地往河岸边挪动着。它想要喝些水，可它年老的身体连这几步路都很难应付。它走走停停，不住地喘息着。终于，它的一只脚踏进了岸边浅浅的水中。它低了低头，想要离河水再近一些。可就在这时，它笨重的身体轰然倒地，它的生命永远地停在这一刻。

▽ 中华乳齿象头骨化石（摄于中国古动物馆）

### 剑乳齿象

| | | |
|---|---|---|
| 学 名 | *Stegomastodon* |
| 体 形 | 肩高约 2.6 米 |
| 生存年代 | 上新世至更新世 |
| 化石产地 | 北美洲 |

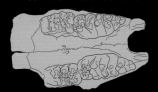

▽ 剑乳齿象上颚化石投影图

是一种短颌的乳齿象类，曾从北美洲迁徙到南美洲，并在很短的时间内成为南美洲的优势物种。

## 奇特的象牙

剑乳齿象的体形较大，肩高大约 2.6 米。它们的身体粗壮沉重，看上去很像一辆坦克。

剑乳齿象的下颌很短，象鼻和象牙发达。它们的象牙很特别，是向上卷曲的，臼齿也有着复杂的突起结构，就像大磨盘一样，这说明它们能够进食草类。剑乳齿象的名字其实是以其臼齿的特点而命名的，并非指它有像剑一般的象牙。

剑乳齿象的脑袋又大又高，下颌非常强壮。它们拥有很强的咬合力。

## 缩短的下颌

中华乳齿象也是嵌齿象家族的短颌代表。它们的外形和生活在美洲的喙嘴象和居维叶象很相似。我们已经了解了喙嘴象，那么居维叶象又是什么样的动物呢？居维叶象也是嵌齿象科的成员，其外形类似于现在的亚洲象，肩高大约 2.7 米。它们的下颌很短，象牙外部也有特别的螺旋形条纹。

科学家们曾认为中华乳齿象是居维叶象亚科的某一成员，在中新世末期到上新世早期之间，跨越白令海峡从美洲迁徙而来。但是，后来科学家们在中国发现了中新世晚期的形态原始的中华乳齿象化石。这表明它们起源于亚洲，而非美洲。

既然下颌缩短了，那就意味着中华乳齿象也拥有长而灵活的象鼻。长长的象鼻和象牙成为它们觅食的主要工具。

## 中华乳齿象 江安

中华乳齿象江安生活在一片茂密的森林里，这里到处都是它的同伴。江安生活得无忧无虑，晒太阳、散步、喝水和觅食便是它每日的生活。它似乎从不担心那些肉食动物，因为它的个头不小，也总是和同伴们待在一起。那些猎手想要对付它们可没有那么容易。

▽ 中华乳齿象
门齿化石投影图

5 厘米

▽ 中华乳齿象
臼齿化石投影图

5 厘米

## 古门齿象 迪夫

天蓝蓝的，没有一片云彩，阳光毫无遮挡地洒到地面上以及古门齿象迪夫的身上。它顾不上被晒得有些发烫的脊背，正在全神贯注地采集眼前这些植物。它先是用铲子状的下颌沿着树干砍树皮，那两颗坚硬的下门齿就像镰刀一样，"唰唰唰"，很快鲜嫩的树皮就掉落了一地。它展开长长的象鼻，轻轻地一卷，那些树皮就被卷进了嘴里。它得赶在大家发现这块宝地之前，美美地饱餐一顿。

### 古门齿象

| 学 名 | *Archaeobelodon* |
|---|---|
| 体 形 | 体重为 2.3~3.4 吨 |
| 生存年代 | 中新世 |
| 化石产地 | 欧洲、非洲 |

# 拥有一把"大铲子"的
# 铲齿象

铲齿象是中新世最常见的长鼻目动物之一，也是铲齿象科家族的典型代表。铲子状的下颌和下门齿在铲齿象身上极为显眼。它的下颌联合部和门齿又宽又长，就像大厨炒菜时用的大铲子。事实上，铲齿象也的确是出色的厨师，它能利用"大铲子"为自己采集很多美食。

与夸张的下颌及门齿相比，铲齿象上颌的两颗象牙显得有些逊色。

## 生活在沼泽还是森林中？

铲齿象是怎么利用它们的"大铲子"来采集食物的呢？这和它们的生活环境密不可分。以前，人们一直认为铲齿象生活在沼泽地区，会用"大铲子"挖水生植物。但是，后来人们发现铲齿象是生活在森林里的。它们的铲齿更像是镰刀，能够处理坚硬的食物，比如可以用来剥树皮或者切树枝。它们总是先用长长的象鼻勾住树枝，然后再用"大铲子"进行切割。

# 铲齿象的邻居——
# 原互棱齿象

铲齿象有着强大的采食工具，看起来生活应该很轻松，可事实上，它们也面临着激烈的竞争。同样属于铲齿象类的原互棱齿象，就是它们有力的竞争对手。在当时的东亚地区，这两种动物至少在一起生活了 200 万年。

## 竞争从哪里来

原互棱齿象的外形和铲齿象很像，它们也有长长的铲子状的下颌和下门齿。就像铲齿象一样，原互棱齿象这个特别

### 原互棱齿象

| | |
|---|---|
| 学 名 | *Protanacus* |
| 生存年代 | 中新世 |
| 化石产地 | 亚洲 |

▽ 原互棱齿象下门齿前端化石（摄于中国古动物馆）

▽ 铲齿象臼齿化石（摄于中国古动物馆）

## 庞大的象族

铲齿象拥有一个非常繁盛的家族，种类丰富，特别是在中新世的中国北方，有着极广泛的分布。科学家们在中国发现过很多种铲齿象，如同心铲齿象、葛氏铲齿象、党河铲齿象等。其中被发现于甘肃的党河铲齿象是目前已知的欧亚大陆上生存年代最早、结构最原始的铲齿象。它们的下颌联合部又短又宽，下门齿也较薄。

▽ 铲齿象化石

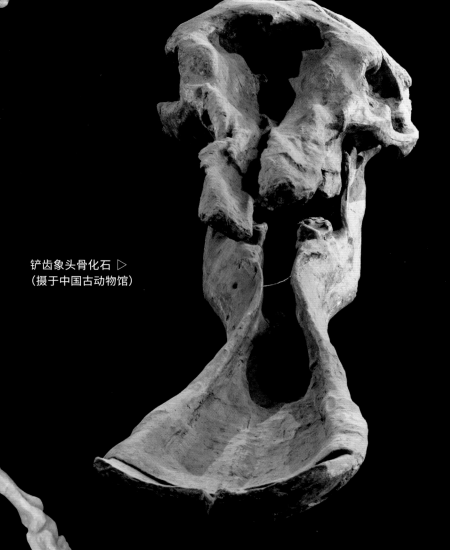

铲齿象头骨化石 ▷
（摄于中国古动物馆）

**铲齿象**

| | |
|---|---|
| 学　　名 | *Platybelodon* |
| 生存年代 | 中新世 |
| 化石产地 | 亚洲、欧洲、非洲、北美洲 |

## 铲齿象 麦穗

麦穗是一只很普通的铲齿象，生活在一片广袤的丛林中。那里是长鼻目动物的天堂。除了铲齿象，还有很多其他长鼻目动物，它们共同分享那片富饶的土地。麦穗一直知道自己必须努力才行，因为这里的每一种动物都有自己独特的优势，稍不注意，麦穗很可能就在激烈的竞争中被淘汰。这不，天才刚刚亮，麦穗已经去觅食了。它用自己的"大铲子"卖力地割着、砍着、连

的结构当然也会在它们采集食物时派上大用场。同样的采食工具意味着两种象会食用相似的食物。当它们生活在同一个环境时，竞争自然就产生了。

## 竞争的结局

有竞争就会有胜负，那么在原互棱齿象和铲齿象的竞争中，谁又是最后的赢家呢？这还得从它们的采食工具说起。

虽然原互棱齿象和铲齿象都有夸张的下门齿，但它们下门齿的内部结构不同。原互棱齿象的下门齿内部为同心层状结构，而铲齿象的下门齿内部已经特化成了齿柱状结构。齿柱状结构不仅比同心层状结构更坚固有力，也更不容易被磨损。这意味着铲齿象的采食工具比原互棱齿象的更有优势。

因此，在铲齿象与原互棱齿象的竞争中，最终的胜利者是铲齿象。生活在东亚的原互棱齿象在大约1600万年前就已经灭绝，而那里的铲齿象则一直生活到约1100万年前。

## 原互棱齿象 鸣沙

夜很深了，原互棱齿象鸣沙还没有入睡。它睡不着，因为饥饿的肚子一直在"咕咕"叫。白天发生的事情还历历在目：它有些胆怯地在树林间走着，好不容易找到了想吃的嫩叶，却一下子就被铲齿象抢走了。鸣沙曾经想过无数次要改变这种状况，不能再这样下去了，可是一遇到它们，它就退缩了。那些在深夜里下过的决心，瞬间就被它的恐惧冲刷得一干二净。今天，它又要忍受着饥饿睡觉了，它的身体是那样疲惫。它知道如果自己再不勇敢起来，可能很快就会被生活淘汰，那不光是忍一忍就能解决的问题。好吧，明天，明天一定要鼓足勇气去抢食物，它在心里大声地告诉自己。

新生的隐齿象 ▷

科等其他类群也到了北美洲。

在中新世晚期，突如其来的气候变化使生态环境发生巨大改变。寒冷和随之而来的干旱，使很多森林逐渐消失，取而代之的是大面积的草原。这一变化，在欧亚大陆的中高纬度地区尤为明显，而那些地区曾经正是乳齿象类极为繁盛的地方。

# 下颌最大的象——
# 铲门齿象

从大约 1600 万年前的中新世中期开始，乳齿象类展开了新一轮开疆拓土的行动。先是玛姆象科的中新乳齿象跨越白令海峡，到了北美洲。紧接着嵌齿象

## 象牙为什么不见了

隐齿象的象牙为什么会不见了呢？科学家们还没有找到确切的答案。不过，他们认为，与其他象类成员相比，铲齿象家族成员的上门齿本来就弱一些，所以出现完全没有象牙的隐齿象也就不足为奇。这说明象类成员的早期演化过程是非常复杂和多样化的。

## 不喜争斗的隐齿象

因为铲齿象类的象牙没有锋利的边缘来切割食物，所以科学家们推断，它们的象牙更大的用途是雄性用来争夺交配权的武器。没有象牙的雄性隐齿象，大概连争斗都很少吧。

科学家们推测雄性隐齿象和雌性隐齿象组成的家庭结构非常稳定，所以它们没有必要为了争夺雌性而战斗。

## 隐齿象 安子

隐齿象安子和妻子，还有它们的三个孩子一起生活在这片森林里。它们整日一起采食、散步，过着幸福的生活。安子很满意现在的生活。有些雄象到了一定年纪就要被雌象赶出家族，或者需要和其他雄象战斗才能找到属于自己的伴侣。和它们相比，安子觉得自己真是太幸福了！

| 隐齿象 | |
| --- | --- |
| 学　名 | *Aphanobelodon* |
| 生存年代 | 中新世 |
| 化石产地 | 亚洲 |

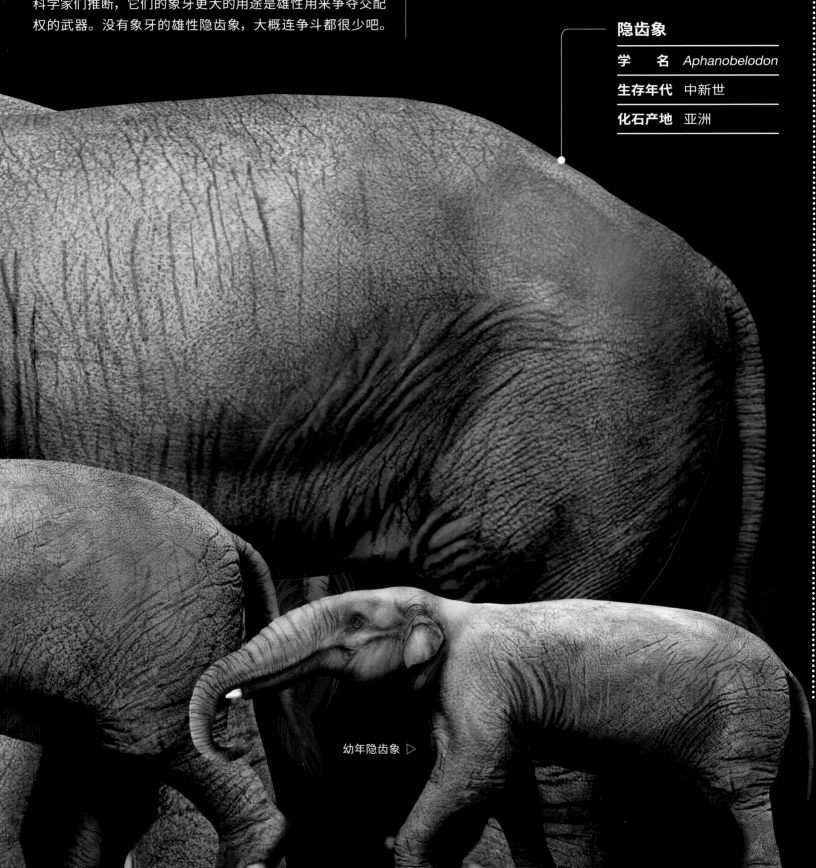

幼年隐齿象 ▷

# 没有象牙的
# 隐齿象

因为铲子状的下颌和下门齿实在是太抢眼了，所以铲齿象类成员的上门齿，也就是它们的象牙，倒显得低调许多。一种名为隐齿象的铲齿象家族成员，干脆连象牙都没有。这可真奇怪。要知道，在长鼻目动物中，除了非常原始的物种，只有早期最奇特的一个类群——恐象才是没有象牙的。

## 像恐象的铲齿象

隐齿象的化石被发现于中国宁夏回族自治区。科学家们一共发现 11 个不同性别和年龄的个体。这些化石都保存得很完整，都具有铲状的下颌和下门齿。它们无疑是属于铲齿象家族的，但它们的象牙全都不见了。象牙的缺失和化石的保存没有关系，也不是某一个个体偶然出现的特征。显然这是一种特别的没有象牙的长鼻目动物。科学家们依据这个特征为它们起名为隐齿象。它们看起来像是恐象和铲齿象的综合体。

△ 雄性成年隐齿象

雌性成年隐齿象 ▷

青年隐齿象 ▷

这一改变给乳齿象类带来的打击几乎是毁灭性的。绝大部分无法适应草原生态系统的乳齿象类就这样衰落下去，逐渐退出了生命舞台。与此同时，生活在北美洲的乳齿象类却是一派欣欣向荣的景象，因为那里受到气候变化的影响较小。因此，北美洲成为乳齿象类的避难所，乳齿象类在那里迎来最后的辉煌。

## 巨大的体形

　　来自铲齿象科的铲门齿象就生活在中新世的北美洲。从极大的体形和下颌来看，它们在当时一定是优势物种。

　　铲门齿象非常强壮，肩高为 2.5~3 米，体重大约 10 吨，比今天的非洲草原象还要大，是北美大陆上出现过的最大的哺乳动物之一。巨大的体形给它们带来极大的安全感，这不光是它们保护自己的有力工具，也让它们更容易应对环境的变化。

## 极长的下颌

　　除了庞大的体形，铲门齿象还有惊人的下颌。它们的下颌极长，下门齿的长度达 1.25 米，相当于一个 6 岁小朋友的身高；下门齿也很宽，每颗的宽度有 17.5 厘米，比一张 A4 纸窄不了多少。扁平的下门齿和加长的下颌达到演化的最顶峰。

　　铲门齿象不光下门齿发达，它们的两颗象牙也很厉害，长度达 1.5 米，最粗的地方有 30 厘米。

　　铲门齿象会用这四颗发达的獠牙做什么呢？从化石上看，铲门齿象上下门齿的边缘都有磨损面，这表明上下门齿在日常生活中的使用频率都很高，大概是用来刮树皮、割树枝的好工具。

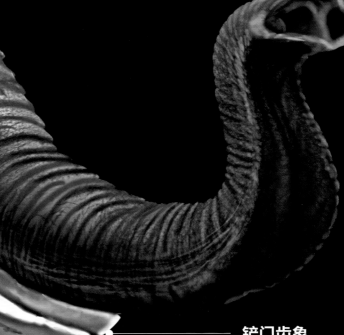

**铲门齿象**

| | |
|---|---|
| **学　　名** | *Amebelodon* |
| **体　　形** | 体重约 10 吨 |
| **生存年代** | 中新世 |
| **化石产地** | 北美洲 |

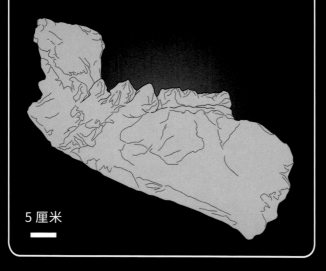

▽ 铲门齿象部分牙齿化石投影图

5 厘米

## 铲门齿象 阿米莉亚

　　午后，一场倾盆大雨忽然从天而降，把正在睡觉的铲门齿象阿米莉亚浇醒了。它站起身子，仰头望去，雨水已经在半空中连成一道模糊的墙。地面很快变得泥泞不堪，但阿米莉亚一点儿也不介意。雨水让它庞大而干燥的身体变得湿润起来，舒服极了。等雨再小一点儿，它说不定会在泥坑里洗个澡，好把身体上那些让它痒痒的寄生虫都赶走。

# 象牙极长的
# 互棱齿象

当乳齿象类因为气候的变化遭遇挫折的时候，另一类名为互棱齿象科的长鼻目动物的生活似乎并未受到太大影响。这和它们臼齿齿脊数目的增加以及齿脊的排列方式有关系。更为进步的臼齿使它们能适应更多的食物，以此来应对气候的变化。从互棱齿象开始，长鼻目动物进入第三个演化阶段。

互棱齿象科之前被认为是嵌齿象科下的一个亚科，但后来独立出来了。互棱齿象是该科的代表物种，生活在中新世晚期至更新世早期的非洲、欧洲和亚洲。

## 4 米长的象牙

即便有一大群长鼻目动物站在一起，互棱齿象也会一下子从它们中间脱颖而出，因为它们的象牙实在是太显眼了。

**互棱齿象**

| | |
|---|---|
| 学　　名 | *Anancus* |
| 生存年代 | 中新世晚期至更新世早期 |
| 化石产地 | 非洲、欧洲、亚洲 |

因为柱铲齿象的下门齿像铲齿象一样，也特化成为细密的齿柱结构，所以一些科学家认为柱铲齿象是由铲齿象演化而来的。然而事实并非如此，铲齿象和柱铲齿象相似的结构可能是独立演化而来的。

## 柱铲齿象的四颗獠牙

和铲齿象相比，柱铲齿象和铲门齿象的亲缘关系更近，因此两者的外形也有些相像。柱铲齿象最明显的特征是有四颗獠牙，其中上颌有两颗象牙，非常笔直，下颌很长，有两颗巨大而扁平的獠牙。

## 柱铲齿象 子林

清晨总是那么美好，凉爽的微风轻轻地吹过，带来了空气里的花香。鸟儿已经开始鸣叫了，清脆的声音仿佛动听的闹钟，叫醒了沉睡的动物们。柱铲齿象子林摇摇尾巴、扇扇耳朵，赶走困意，做好了迎接新一天的准备。同伴们已经陆陆续续向不远处的大湖走去，子林也赶紧跟了上去。它要抓紧时间往肚子里灌些水，然后去觅食。趁天还凉爽，它得多找点儿吃的才行。

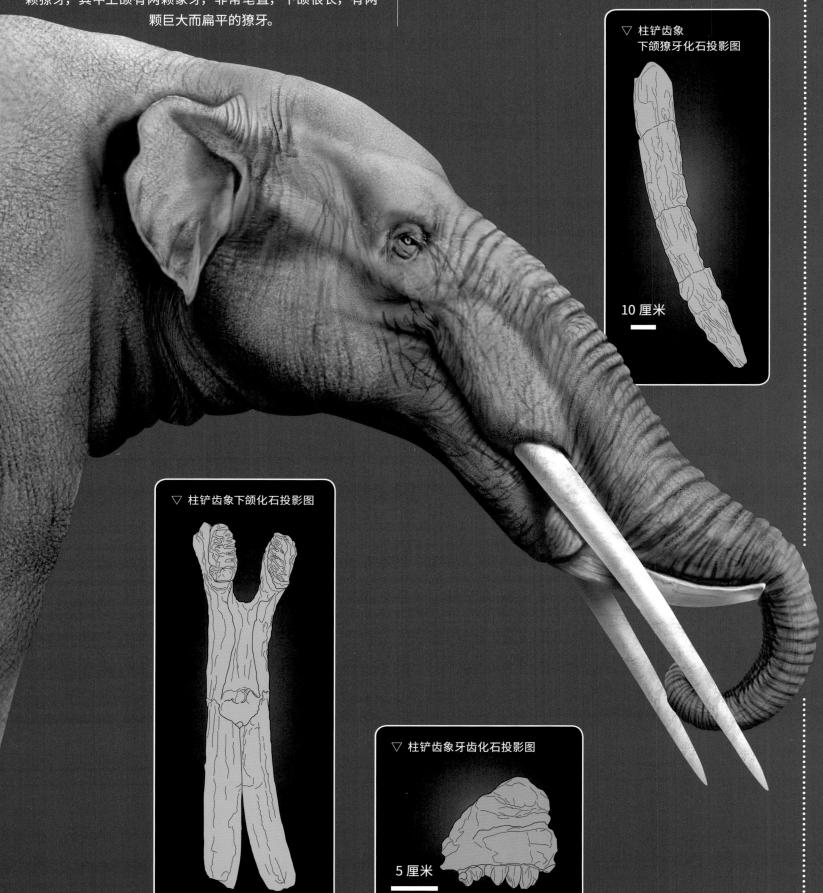

▽ 柱铲齿象
下颌獠牙化石投影图

10 厘米

▽ 柱铲齿象下颌化石投影图

▽ 柱铲齿象牙齿化石投影图

5 厘米

# 铲门齿象的近亲——
# 柱铲齿象

对大家来说，柱铲齿象可能还是个陌生的名字，因为它们是在 1990 年才第一次被科学家描述的一种长鼻目动物。不过那时候，这种动物的化石只在北美洲被发现。直到 2015 年，科学家们才将之前在欧洲和亚洲发现的另外两种长鼻目动物——巨齿乳齿象和阿提卡四棱齿象，归入柱铲齿象家族里。这意味着柱铲齿象的生存范围由北美洲扩展至欧洲和亚洲。

## 粗壮柱铲齿象

粗壮柱铲齿象是柱铲齿象家族中最原始的一个种类，其化石被发现于中国甘肃省临夏盆地。它们曾经被认为是一种四棱齿象。那是一种来自互棱齿象科的长鼻目动物，是现代象的近亲。

**柱铲齿象**

| | |
|---|---|
| 学　　名 | *Konobelodon* |
| 生存年代 | 中新世 |
| 化石产地 | 亚洲、欧洲、北美洲 |

　　互棱齿象的外形和现代大象很像。它们也拥有两颗长长的象牙，但是它们的象牙要更长一些，达 4 米，几乎和它们的身体一样长。这两颗象牙是很好的战斗工具，也是处理植物的好帮手。它们会用象牙砍倒眼前的植物，然后再用长长的象鼻将它们卷起来。

　　互棱齿象的下颌很短，没有下门齿。它们的臼齿齿冠较高，齿脊数目增多。但是，它们并不能适应草类食物，还是以枝叶、灌木及底下的根茎为食。

　　互棱齿象的体形很大，肩高大约 3 米。它们的脖子像现代大象一样短，四肢比现代大象要更短一些。

## 互棱齿象 长牙

　　炎热的太阳烘烤着大地，白花花的热浪从地面升腾起来，似乎要把天地连起来，变成滚烫的地狱。广袤的土地上，植物奄奄一息，根本看不到动物们的身影。大家都找到阴凉的地方躲起来了，除了互棱齿象长牙以及和它扭打在一起的同伴。它们被卷至

▽ 互棱齿象下颌化石（摄于中国古动物馆）

半空中的沙土包围起来。只有在它们激烈打斗的间隙，才能隐约看到搅在一起的那四颗长长的象牙。它们在为什么而争斗？也许是领地，也许是心仪的异性，也许是食物……不管因为什么，在这样的天气里消耗体力，可不是个明智的选择。

△ 一只铲齿象在荒漠上寻找食物。

认为，从四棱齿象的臼齿结构来看，它们应该具有咀嚼功能，能够咬碎和研磨植物的枝叶或果实，而不会只有切割功能。和不会咀嚼的长鼻目动物相比，四棱齿象是天生的美食家。

## 四棱齿象 禾欢

　　大团的乌云从远处滚来，瞬间就把天遮得黑压压的。几声闷雷在不远处炸开，大雨仿佛瞬间就要倾泻而下。四棱齿象禾欢加紧了脚步，想找个大树遮挡一下。它挺喜欢水，但不喜欢让雨水打在身上。雨下得急，它厚厚的背会被拍打得生疼生疼。

可是，禾欢都走了好一阵儿了，这雨就是不来。唉，还不如再喂一喂它半饱的肚子呢！想到这儿，它伸长了鼻子去够眼前那棵树上的果实。它个头

高，总能够到果子。很快，一把果子就进了肚子里，真舒服啊！享受美食的禾欢，一下子把头顶的乌云和即将要来的大雨忘在脑后。

## 未完待续 ……

　　从兔子般大小，到像野猪那么大，再到外形威猛庞大；从拥有貘那样的小鼻子，到有着能够随意取物的长象鼻；从长着稍稍突出嘴唇外的獠牙，到有了长达 1 米、2 米甚至 4 米的象牙；从下颌增长并长出獠牙，到下颌缩短獠牙退化；从只吃树叶、树皮、树枝，到喜欢上食草的生活；从习惯生活在水里，到完全适应陆地生活……长鼻目动物在长达 6000 万年的演化道路上，进行了各种各样的尝试。此刻，这本书已经到了结束的时候，可是长鼻目的演化道路还没有完结。想要知道互棱齿象科在开启长鼻目演化的第三阶段之后，长鼻目家族又发生了哪些变化，演化出什么样的物种；想知道现代大象究竟是在什么时候出现的，它们又有哪些有趣的故事，请继续阅读《PNSO 动物博物馆：大象的世界 2》吧！

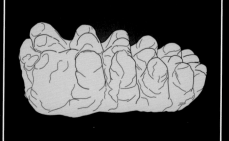

▽ 四棱齿象臼齿化石投影图

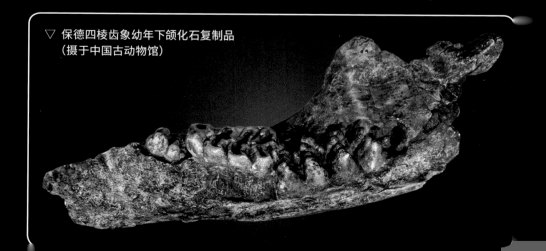

▽ 保德四棱齿象幼年下颌化石复制品
　（摄于中国古动物馆）

## 四棱齿象

| | | |
|---|---|---|
| 学　　名 | *Tetralophodon* |
| 体　　形 | 肩高为 2.58~3.45 米 |
| 生存年代 | 中新世晚期至上新世中期 |
| 化石产地 | 欧洲、亚洲、非洲 |

# 四棱齿象

四棱齿象是互棱齿象的亲戚，同样来自互棱齿象家族。在中新世晚期至上新世中期，四棱齿象非常繁盛，足迹遍布欧洲、亚洲和非洲。

四棱齿象的体形比现代的亚洲象要大一些，身体比较长。它们有着长长的象鼻，象牙虽然没有互棱齿象的那么长，但也有 2 米，非常吓人。四棱齿象的象牙粗长而笔直，是它们的防御工具。它们的下颌较短，但仍然有两颗獠牙。

到目前为止，科学家们发现的四棱齿象的化石大多是臼齿，这些臼齿有着非常特别的结构。四棱齿象臼齿的大小大约相当于人类嚼牙大小的 6 倍，每一个臼齿上都具有四道棱。科学家们